SITZUNGSBERICHTE DER DEUTSCHEN AKADEMIE
DER WISSENSCHAFTEN ZU BERLIN

Klasse für Mathematik, Physik und Technik
Jahrgang 1959 Nr. 3

WILLIBALD LICHTENHELDT

DIE BEDEUTUNG DER GEOMETRIE BEI DER LÖSUNG GETRIEBETECHNISCHER PROBLEME

Mit 18 Abbildungen

AKADEMIE-VERLAG · BERLIN
1959

Vorgelegt von Hrn. Lichtenheldt in der Gesamtsitzung vom 25. Juni 1959
Druck genehmigt am gleichen Tage, ausgegeben am 31. Dezember 1959

Erschienen im Akademie-Verlag GmbH, Berlin W 1, Leipziger Straße 3-4
Lizenz-Nr. 202 · 100/801/59
Satz und Druck: IV/2/14 · VEB Werkdruck Gräfenhainichen · 1244
Bestellnummer: 2010/59/I/3
Preis: DM 3,–
Printed in Germany
ES 20 H 2

Das Wissenschaftsgebiet der Getriebelehre hat in den letzten Jahrzehnten für die Konstruktion der Maschinen und Geräte eine immer wachsende Bedeutung erlangt. Der Name Getriebelehre erweckt beim Nichtfachmann den Anschein, es handele sich um Zahnradgetriebe. In der Getriebelehre werden aber alle Probleme behandelt, die bei der Bewegung irgendeines Mechanismus, sei es ein Kurven-, Kurbel-, Schalt- oder auch ein Zahnradgetriebe, auftreten. Bei der Konstruktion derartiger Mechanismen, die in allen Kraftmaschinen, Werkzeugmaschinen, Textilmaschinen, Landmaschinen, Fördereinrichtungen, Büromaschinen, Verpackungsmaschinen und allen automatischen Maschinen und Geräten enthalten sind, geht es darum, eine bestimmte Bewegung, die die Technologie des Arbeitsvorganges vorschreibt, zu verwirklichen. Früher hat man solche Mechanismen empirisch entwickelt und sich mit ihrer Arbeitsweise begnügt. Für die Konstruktion hochwertiger Maschinen und Geräte reicht das aber nicht aus und heute zwingen die praktischen Forderungen den Konstrukteur, die Abmessungen dieser Mechanismen mit Hilfe wissenschaftlicher Verfahren zu bestimmen. Diese wissenschaftlichen Verfahren der Getriebelehre haben nicht wie in der Strömungslehre, Wärmelehre und Festigkeitslehre die Differentialgleichung zur Grundlage, sondern als die natürlichen Hilfsmittel zur Lösung getriebetechnischer Probleme sind vorwiegend die geometrischen Gesetzmäßigkeiten heranzuziehen.

Bei der Konstruktion von Gelenkmechanismen (Kurbelgetrieben) geht der Konstrukteur so vor, daß er verschiedene

Lagen des Getriebegliedes, welches er als eine bewegte Ebene auffaßt, vorschreibt und danach die Abmessungen des Mechanismus bestimmt, der die geforderte Bewegung verwirklicht.

Werden zwei Lagen vorgelegt und die bewegte Ebene durch die Strecken A_1B_1 und A_2B_2 gekennzeichnet, dann gibt es einen Pol P_{12}, der als Schnittpunkt der Mittellote zu A_1A_2 und B_1B_2 bestimmt ist. Kinematisch betrachtet ist P_{12} der geometrische Punkt, um den die Ebene von der Lage A_1B_1 in die Lage A_2B_2 gedreht werden kann. Bei drei Lagen schneiden sich die entsprechenden Mittellote zu A_1A_2 und B_1B_2, A_1A_3 und B_1B_3, A_2A_3 und B_2B_3 in den Polen P_{12}, P_{13}, P_{23}. Diese Pole bilden ein Poldreieck (Abb. 1) und in diesem sind alle geometrischen Beziehungen vereinigt, die bei drei Lagen einer bewegten Ebene

Abb. 1. Drei Lagen einer bewegten Ebene und das Poldreieck

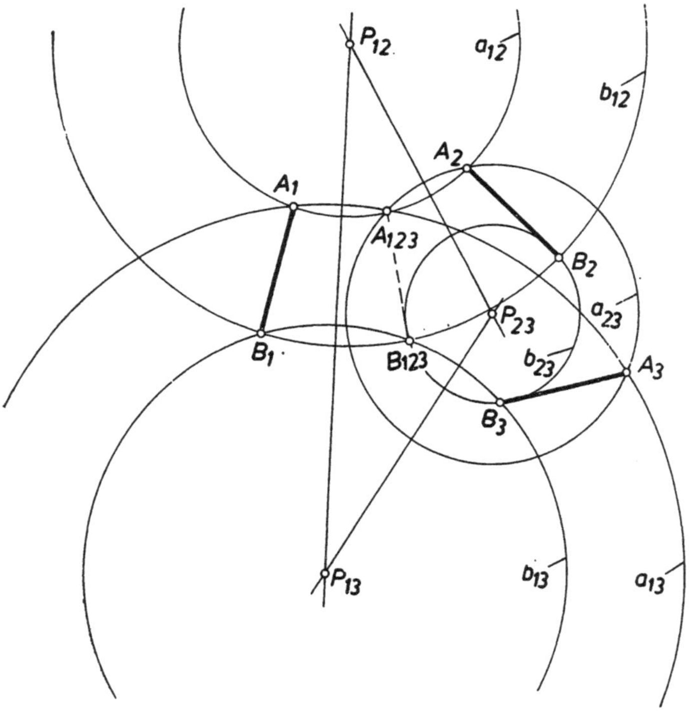

Abb. 2. Beziehungen zwischen dem Grundpunkt D_{123} und dem Mittel-Punkt D_0 eines Kreises durch drei homologe Lagen $D_1 \cdots D_3$ eines Punktes

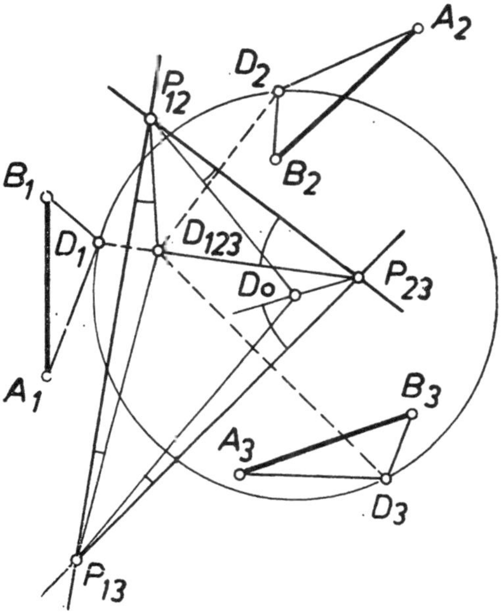

auftreten. Einem Punkt A_1 entspricht symmetrisch zur Polgeraden $P_{12}P_{13}$ der Grundpunkt A_{123}. Dieser ist der Symmetriepunkt zu A_2 bezüglich der Polgeraden $P_{12}P_{23}$ und zu A_3 bezüglich der Polgeraden $P_{13}P_{23}$. A_1, A_2, A_{123} liegen auf einem Kreis a_{12} um P_{12}; B_1, B_2, B_{123} liegen auf einem Kreis b_{12} um P_{12}; A_1, A_3, A_{123} liegen auf einem Kreis a_{13} um P_{13}; B_1, B_3, B_{123} liegen auf einem Kreis b_{13} um P_{13} u. s. f. D_0 ist der Mittelpunkt eines Kreises durch $D_1 \cdots D_3$, bei der Konstruktion eines Gelenkgetriebes beispielsweise die Drehachse eines Kurbellagerzapfens. Seine Verbindungsgeraden mit den Polen schließen mit den Seiten des Poldreiecks die gleichen Winkel ein wie die Verbindungsgeraden des Grundpunktes D_{123} mit den Polen.[1] Wird der Lagerpunkt D_0 willkürlich gewählt, dann sind Grundpunkt D_{123} und die homologen Gelenkpunkte $D_1 \cdots D_3$ der Kurbel in der bewegten Ebene AB eindeutig bestimmt (Abb. 2).

Liegen drei homologe Punkte $A_1 \cdots A_3$ auf einer Geraden, dann liegt der zugehörige Mittelpunkt A_0 im Unendlichen und der Grundpunkt A_{123} auf dem Umkries des Poldreiecks (Abb. 3).

---

[1]) BURMESTER L., Lehrbuch der Kinematik, Verlag A. Felix, Leipzig 1888. S. 602—621.

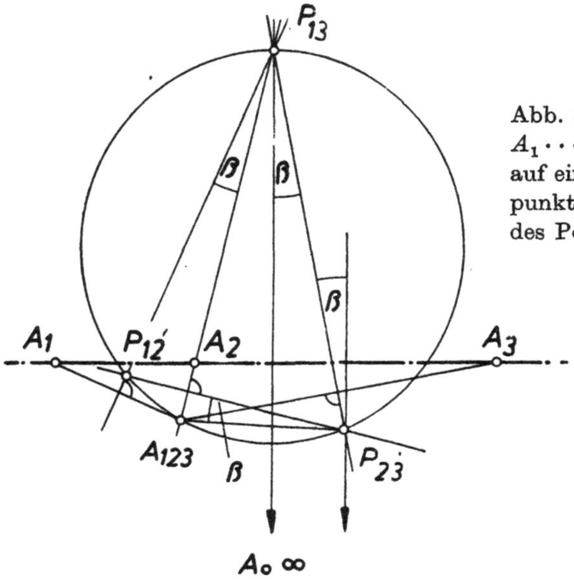

Abb. 3. Drei homologe Lagen $A_1 \cdots A_3$ eines Punktes liegen auf einer Geraden, der Grundpunkt A_{123} auf dem Umkreis des Poldreiecks

Alle Punkte $A_1B_1 \ldots$, die mit ihren homologen Lagen in den Stellungen 2 und 3 der bewegten Ebene auf einer Geraden liegen, müssen daher auf einem Kreis gelegen sein, der der Symmetriekreis zum Umkreis des Poldreiecks $P_{12}P_{13}P_{23}$ bezüglich der Poldreieckseite $P_{12}P_{13}$ sein muß. Dieser Kreis ist der Umkreis des Poldreiecks $P_{12}P_{13}P_{23}^1$ (Abb. 4). Unter P_{23}^1 ist der in die Lage 1 zurückgedrehte Pol P_{23} zu verstehen, P_{23}^1 liegt symmetrisch zu P_{23} bezüglich der Polgeraden $P_{12}P_{13}$. Alle Punkte $A_2B_2 \ldots$ dieser Art liegen auf dem Umkreis des Poldreiecks $P_{12}P_{13}^2P_{23}$ und P_{13}^2 ist der Symmetriepunkt zu P_{13} bezüglich der Polgeraden $P_{12}P_{23}$ und alle Punkte $A_3B_3 \ldots$ dieser Art auf dem Umkreis des Poldreiecks $P_{12}^3P_{13}P_{23}$ und P_{12}^3 ist der Symmetriepunkt zu P_{12} bezüglich der Polgeraden $P_{13}P_{23}$.

Zu einem Punkt F_1, der mit P_{12} zusammenfällt, gehört ein Grundpunkt F_{123}, der auch in P_{12} liegen muß, und deshalb liegt F_2 ebenfalls in P_{12}. F_3 ist dann der Symmetriepunkt zu F_{123} bezüglich der Polgeraden $P_{13}P_{23}$ und fällt mit P_{12}^3 zusammen. Die

Punkte $F_1 \cdots F_3$ gehören zu Punktreihen, die auf einer Geraden liegen, und diese Gerade ist eine Höhe des Poldreiecks $P_{12}P_{13}P_{23}$. Da keiner der Pole gegenüber den beiden anderen einen Vorzug hat, liegen auch auf den beiden anderen Höhen des Poldreiecks je drei homologe Punkte, und demzufolge gehen alle Geraden, die je drei homologe Punkte enthalten, durch den Höhenschnittpunkt H des Poldreiecks $P_{12}P_{13}P_{23}$, und dieser ist gleichzeitig der Schnittpunkt der Umkreise der Poldreiecke $P_{12}P_{13}P^1_{23}$, $P_{12}P^2_{13}P_{23}$, und $P^3_{12}P_{13}P_{23}$. Daß der Schnittpunkt der drei Umkreise mit dem Höhenschnittpunkt H zusammenfällt, folgt dar-

Abb. 4. Alle Geraden, auf denen drei homologe Punkte liegen, gehen durch den Höhenschnittpunkt des Poldreiecks

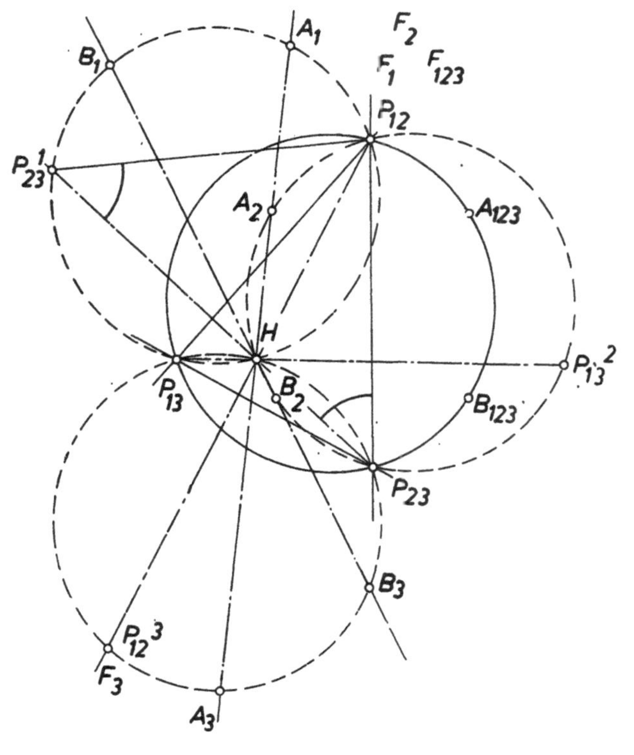

aus, daß sich die gleichen Winkel $P_{12}P_{23}H$ und $P_{12}P_{23}^1H$ auf die gleiche Sehne $P_{12}H$ in gleichgroßen Kreisen stützen.

Sollen drei vorgeschriebene Lagen eines bewegten Getriebegliedes durch ein Schubkurbelgetriebe verwirklicht werden, dann muß die Schubrichtung durch den Höhenschnittpunkt H des Poldreiecks hindurchgehen, die Richtung selbst ist beliebig. Wird sie festgelegt, dann sind die drei auf dieser Geraden liegenden homologen Punkte $D_1 \cdots D_3$ als Koppelgelenkpunkte in der Ebene des Gleitsteines eindeutig bestimmt (Abb. 5). Senkrecht zur Schubrichtung liegt unendlich fern der Punkt D_0^∞. Wird er z. B. mit P_{12} verbunden und der Winkel, den diese Verbindungsgerade mit der Polgeraden $P_{12}P_{13}$ einschließt, an die Polgerade $P_{12}P_{23}$ angetragen, dann schneidet der freie Schenkel den Umkreis des Poldreiecks in dem Grundpunkt D_{123}. Zu diesem symmetrisch bezüglich der Polgeraden $P_{12}P_{13}$ liegt D_1, D_2 und D_3 liegen symmetrisch bezüglich der Polgeraden $P_{12}P_{23}$ bzw. $P_{13}P_{23}$.

Der Koppelgelenkpunkt der Antriebskurbel kann in den Punkt A gelegt werden, die Gelenkpunkte $A_1 \cdots A_3$ der Koppel liegen dann auf einem Kreis um A_0. Der Kurbeldrehpunkt A_0 läßt sich mit Hilfe des Grundpunktes A_{123} über das Poldreieck ermitteln, wobei A_{123} als Symmetriepunkt beispielsweise zu A_1 bezüglich der Polgeraden $P_{12}P_{13}$ bestimmt ist. Die Verbindungsgeraden von A_{123} und A_0 nach den Polen schließen mit den Poldreieckseiten gleiche Winkel ein. Bei drei vorgeschriebenen Lagen ist der Drehpunkt A_0 der Antriebskurbel aber auch bestimmbar als Mittelpunkt eines Kreises durch $A_1 \cdots A_3$.

Werden vier Lagen einer bewegten Ebene E durch die Strecken $A_1B_1 \cdots A_4B_4$ vorgelegt, dann ergeben sich sechs Pole $P_{12}P_{13}P_{14}P_{23}P_{24}P_{34}$ und vier Poldreiecke $P_{12}P_{13}P_{23}$, $P_{12}P_{14}P_{24}$, $P_{13}P_{14}P_{34}$, $P_{23}P_{24}P_{34}$ mit den Höhenschnittpunkten H_{123}, H_{124}, H_{124}, H_{234}, die auf einer Geraden liegen (Abb. 6). Damit ist die einzig mögliche Schubrichtung bestimmt, die die vier homologen Lagen $D_1 \cdots D_4$ des Gleitsteingelenkpunktes eines Schubkurbelgetriebes enthält. Der Konstrukteur hat also bei vier vorgeschriebenen Ebenenlagen eine eindeutig bestimmte Gerade verfügbar,

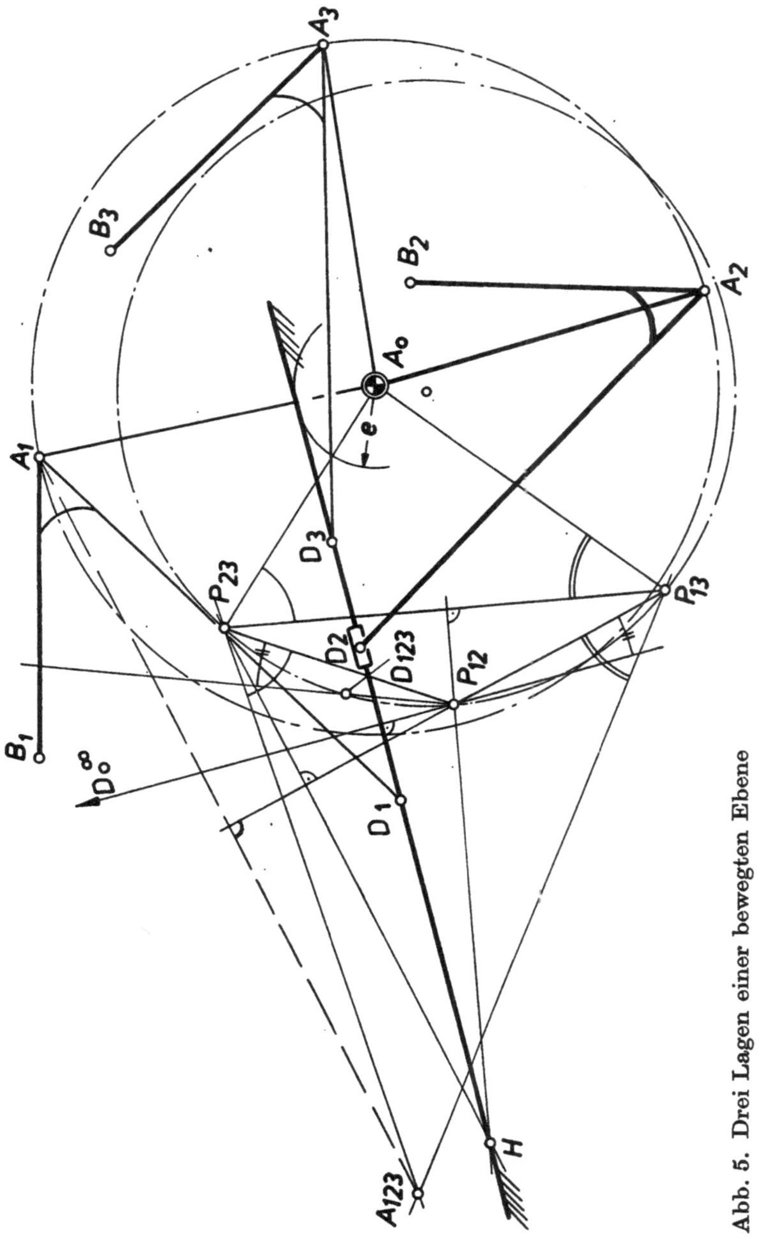

Abb. 5. Drei Lagen einer bewegten Ebene
werden durch ein Schubkurbelgetriebe verwirklicht

die er als Schubrichtung für ein Schubkurbelgetriebe verwenden muß. Die Lagen $D_1 \cdots D_4$ sind aus den Poldreiecken bestimmbar. Da vier homologe Punkte $A_1 \cdots A_4$ und ebenso $B_1 \cdots B_4$ im allgemeinen nicht auf einem Kreis liegen, kann in der Lage 1 weder A_1 noch B_1 als Kurbelgelenkpunkt für die Schubkurbel verwendet werden. Für einen Kurbelgelenkpunkt C_1 kann aber der geometrische Ort angegeben werden, und das ist die Kreispunktkurve k_1 für die Lage 1. Sie ist bestimmt durch zwei Paar Gegenpole, etwa $P_{12}P_{34}^1$, $P_{13}P_{24}^1$. Ist auf k_1 ein brauchbarer Kurbelgelenkpunkt C_1 gewählt worden, dann ist der zugehörige Kurbeldrehpunkt C_0 mit Hilfe eines Poldreiecks, etwa $P_{12}P_{13}P_{23}$, über den Grundpunkt C_{123} zu bestimmen. Ein Schubkurbelgetriebe dieser Art ist in Abbildung 7 dargestellt. Hier ist die Kreispunktkurve k_1, auf der C_1 und ebenso der Gleitsteingelenkpunkt D_1 liegen müssen, eingezeichnet.

Durch Festhalten der Koppelebene (Schubstangenebene) eines Schubkurbelgetriebes und Bewegen des festen Gliedes entsteht ein Kurbelschleifgetriebe. Der Gleitstein wird um einen festen Punkt S_0 drehbar angeordnet, und in ihm gleitet die Kurbelschleife (Kulisse). Die Kurbelschleife verwirklicht die umgekehrte Bewegung der Schubkurbel. S_0 entspricht dem auf dem Umkreis des Poldreiecks gelegenen Grundpunkt D_{123} des Schubkurbelgetriebes und kann bei der Konstruktion einer Kurbelschleife, wenn drei Lagen einer bewegten Ebene gegeben sind, auf dem Umkreis des Poldreiecks $P_{12}P_{13}P_{23}$ willkürlich gewählt werden (Abb. 8). Der Grundpunkt S_{123} liegt im Unendlichen, und seine Richtung ist durch die Wahl von S_0 bestimmt.

Die Richtungen, in denen die Punkte $S_1 \cdots S_3$ liegen, lassen sich auf Grund ihrer Symmetrie zum Grundpunkt S_{123} bezüglich der Poldreieckseiten angeben. Die Stellung der Kurbelschleife beispielswiese in der Lage 1 ist senkrecht zur Richtung, in der der Punkt S_1 im Unendlichen liegt. Sie folgt aber auch aus der Überlegung heraus, daß im System der Lage 1 die Kurbelschleifengerade durch S_0 und den Höhenschnittpunkt H_1 des Poldreiecks $P_{12}P_{13}P_{23}^1$ hindurchgehen muß. Analog geht die

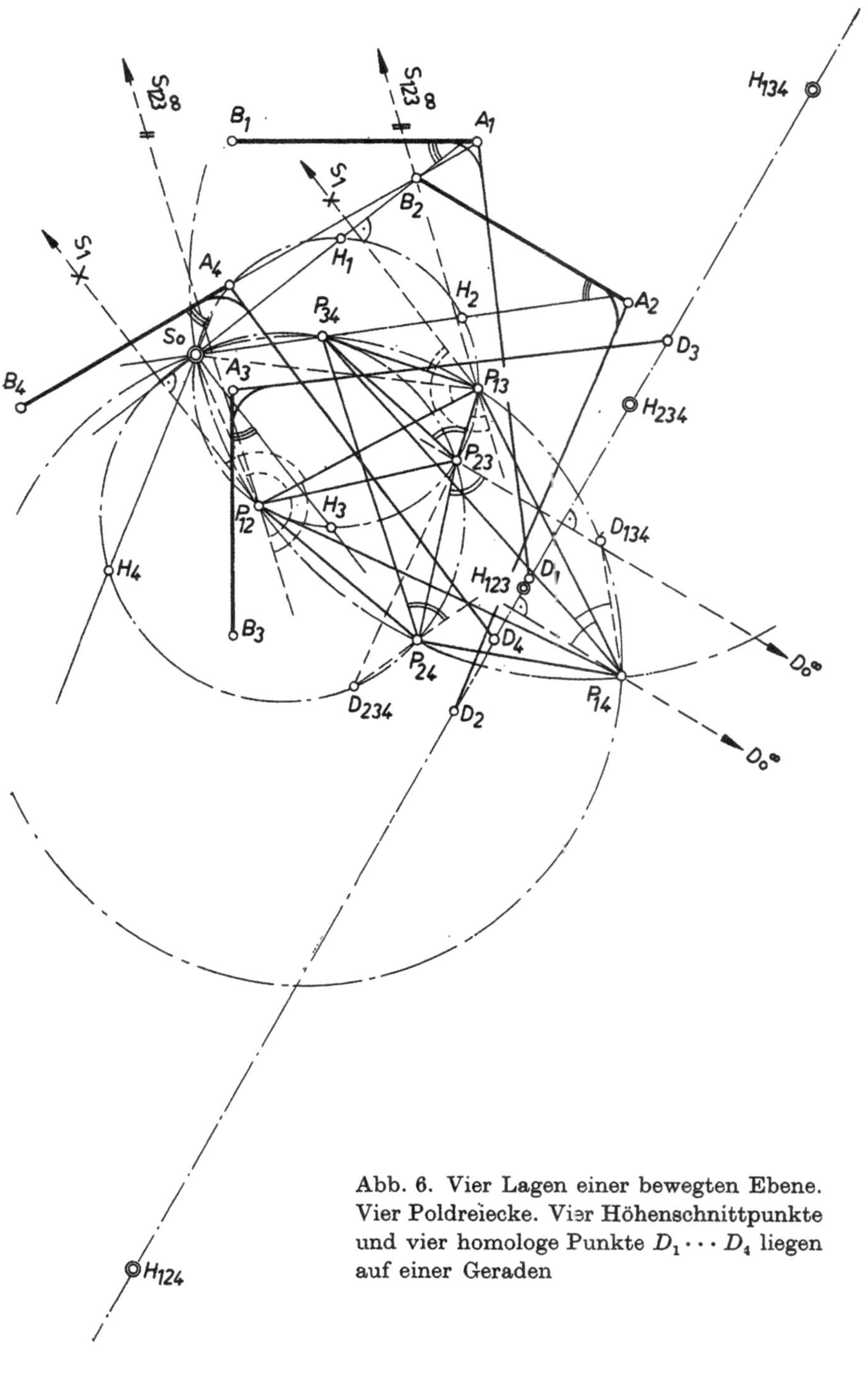

Abb. 6. Vier Lagen einer bewegten Ebene. Vier Poldreiecke. Vier Höhenschnittpunkte und vier homologe Punkte $D_1 \cdots D_4$ liegen auf einer Geraden

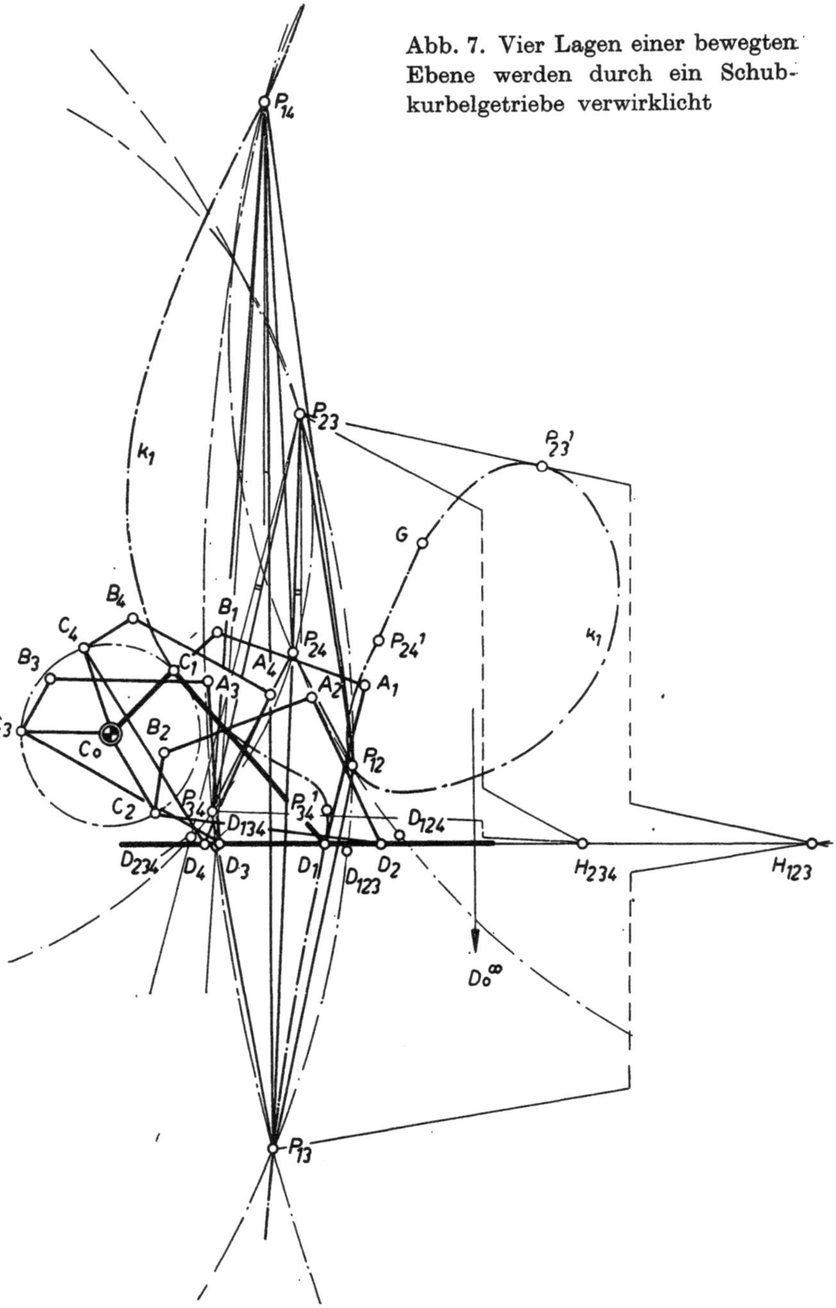

Abb. 7. Vier Lagen einer bewegten Ebene werden durch ein Schubkurbelgetriebe verwirklicht

Kurbelschleifengerade in der Lage 2 durch S_0 und den Höhenschnittpunkt H_2 des Poldreiecks $P_{12}P_{13}^2P_{23}$ und in der Lage 3 durch S_0 und den Höhenschnittpunkt H_3 des Poldreiecks $P_{12}^3P_{13}P_{23}$. Da bei drei Lagen einer bewegten Ebene der Höhenschnittpunkt H des Poldreiecks $P_{12}P_{13}P_{23}$ gleichzeitig der Schnittpunkt der Umkreise der Poldreiecke $P_{12}P_{13}P_{23}^1$, $P_{12}P_{13}^2P_{23}$, $P_{12}^3P_{13}P_{23}$ ist, müssen bei der umgekehrten Bewegung die Höhenschnittpunkte $H_1 \cdots H_3$ auf dem Umkreis

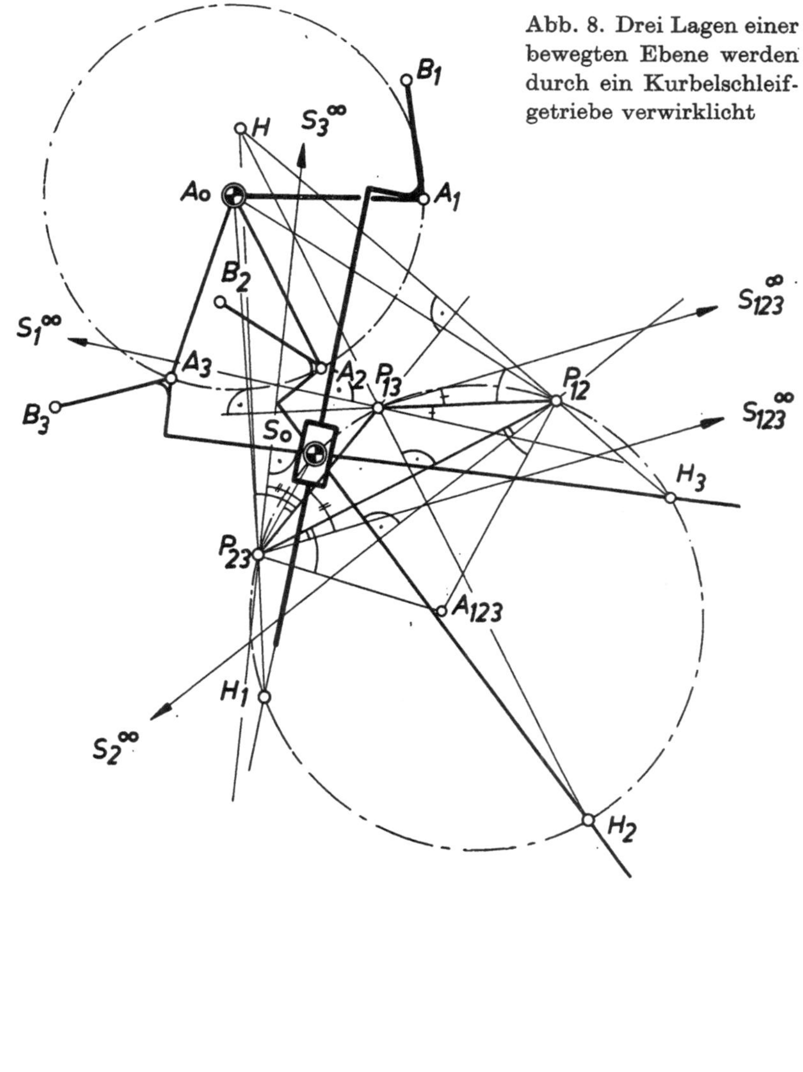

Abb. 8. Drei Lagen einer bewegten Ebene werden durch ein Kurbelschleifgetriebe verwirklicht

des Poldreiecks $P_{12}P_{13}P_{23}$ liegen. Die Punkte $H_1 \cdots H_3$ können daher sehr bequem ermittelt werden.

Der feste Drehpunkt A_0 der Antriebskurbel ist der Mittelpunkt des Kreises durch $A_1 \cdots A_3$. Dabei wird der Kurbelgelenkpunkt beispielsweise in der Lage 1 in den Punkt A_1 gelegt. A_0A_1 ist die Länge der Antriebskurbel.

Sollen vier Lagen einer bewegten Ebene durch ein Kurbelschleifgetriebe verwirklicht werden, dann ist der feste Drehpunkt S_0 des Gleitsteines als Schnittpunkt der Umkreise der vier Poldreiecke eindeutig bestimmt (Abb. 6). Die Getriebeabmessungen lassen sich beispielsweise in den Lagen $1 \cdots 3$ derart ermitteln, daß zunächst die Richtung des unendlich fernen Grundpunktes S_{123} mit Hilfe der Winkelbeziehungen am Poldreieck $P_{12}P_{13}P_{23}$ bestimmt wird. Wie bei drei Lagen erwähnt, lassen sich die Richtungen, in denen $S_1 \cdots S_3$ liegen, und senkrecht dazu die Stellung der Kurbelschleife in den Lagen $1 \cdots 3$ ermitteln. Die Stellung in der Lage 4 wird in analoger Weise aus dem Poldreieck $P_{12}P_{14}P_{24}$ gefunden. Einfacher lassen sich die Stellungen der Kurbelschleife in den vier Ebenenlagen angeben, wenn S_0 mit den Höhenschnittpunkten $H_1 \cdots H_4$ verbunden wird. Die Bestimmung $H_1 \cdots H_3$ ist bei 3 Lagen erwähnt worden, und H_4 kann beispielsweise als Symmetriepunkt zu H_{234} bezüglich der Polgeraden $P_{24}P_{34}$ ermittelt werden. Die vier Lagen der Kurbelschleifengeraden sind dadurch bestimmt.

Der feste Drehpunkt C_0 der Antriebskurbel ist auf der durch zwei Paar Gegenpole, etwa $P_{12}P_{34}$, $P_{13}P_{24}$, bestimmten Mittelpunktkurve m wählbar, und damit ist der zugehörige Koppelgelenkpunkt C_1 unter Zuhilfenahme des Poldreiecks festgelegt. Andererseits kann auch die Kreispunktkurve k_1 der Lage 1, etwa mit Hilfe der Pole $P_{12}P_{34}^1$, $P_{13}P_{24}^1$ gezeichnet und der Koppelgelenkpunkt C_1 darauf gewählt werden. Der zugehörige feste Drehpunkt C_0 der Antriebskurbel ist dann bestimmt, wenn die Gesetzmäßigkeiten zwischen C_0 und dem Grundpunkt C_{123} in bezug auf das Poldreieck $P_{12}P_{13}P_{23}$ beachtet werden (Abb. 9). Wird beispielsweise von C_1 auf die Kurbelschleifengerade in der

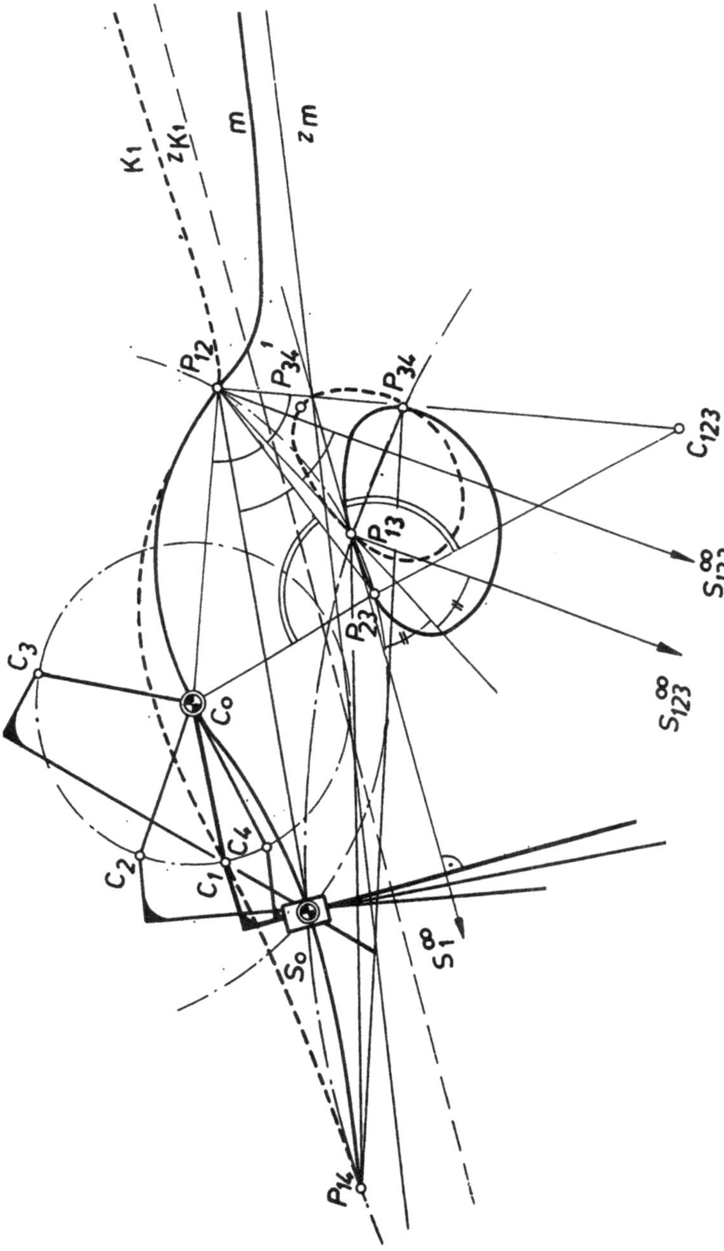

Abb. 9. Vier Lagen einer bewegten Ebene werden durch ein Kurbelschleifgetriebe verwirklicht

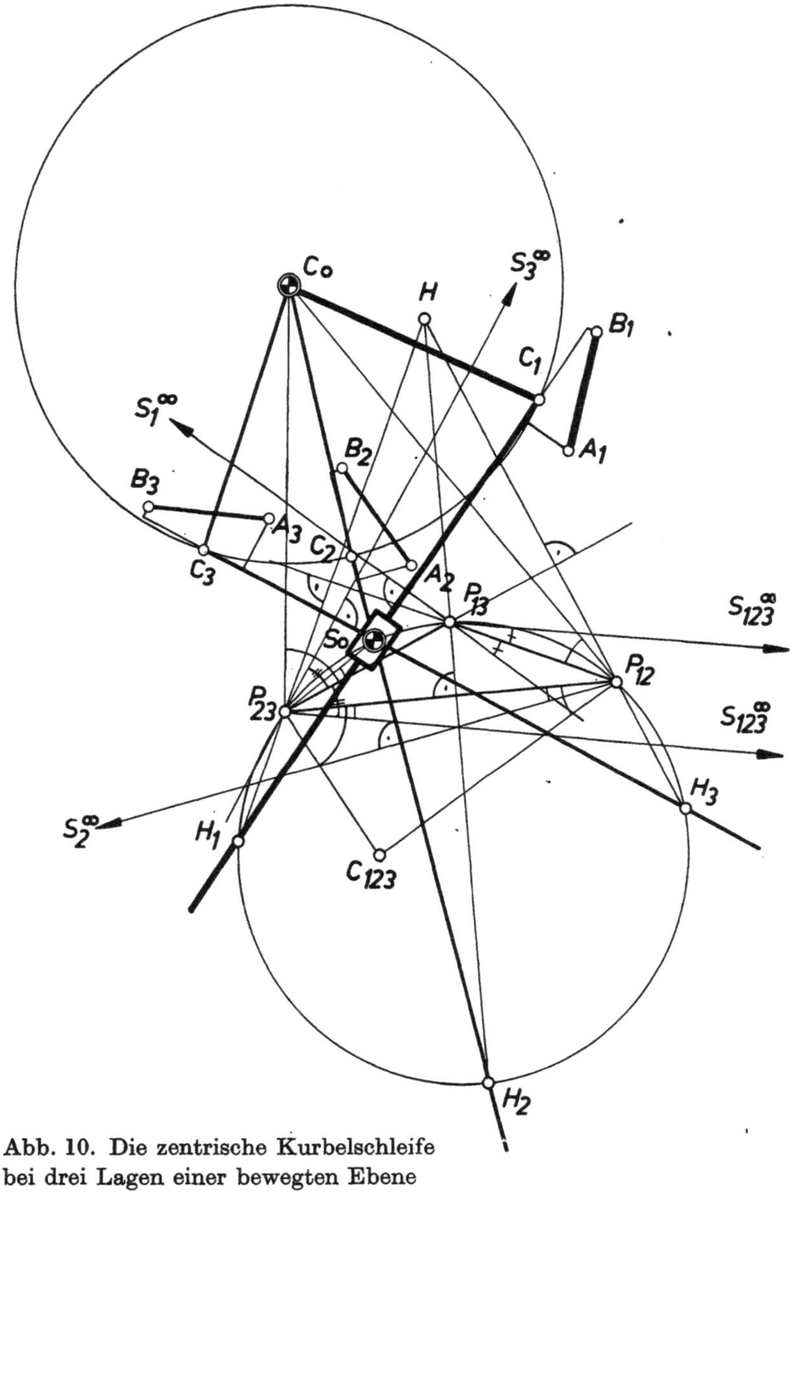

Abb. 10. Die zentrische Kurbelschleife bei drei Lagen einer bewegten Ebene

Stellung 1 das Lot gefällt, dann ist die Exzentrizität der Kurbelschleife bestimmt und ihre Abmessungen liegen fest.

Die Bedingung, eine zentrische Kurbelschleife für die Verwirklichung der vier vorgegebenen Lagen der bewegten Ebene heranzuziehen, kann erfüllt werden, wenn der Kurbelgelenkpunkt C_1 in den Schnittpunkt der Kurbelschleifengeraden mit der Kreispunktkurve k_1 gelegt wird. Schneidet diese Gerade die Kurve k_1 mehrmals, dann können die gestellten Forderungen von mehreren zentrischen Kurbelschleifgetrieben erfüllt werden. Die Forderung der zentrischen Kurbelschleife ist bei drei Lagen einer bewegten Ebene für eine beliebige Stellung des Gleitsteindrehpunktes erfüllbar, wenn die durch S_0 und H_1 gehende Gerade den Kurbelgelenkpunkt C_1 enthält (Abb. 10). Bei der Wahl des Punktes C_1 auf dieser Geraden läßt sich die Forderung einer günstigen Bewegungsübertragung erfüllen.

Die Verbindung eines Schubkurbelgetriebes mit einem Kurbelschleifgetriebe führt zum Schubschleifengetriebe. Bei drei vorgeschriebenen Lagen eines bewegten Getriebegliedes wird das Poldreieck $P_{12}P_{13}P_{23}$ gezeichnet (Abb. 11) und der Höhenschnittpunkt H bestimmt. Eine beliebige durch H gehende Gerade enthält die Punkte $D_1 \cdots D_3$, da D_0 senkrecht zu dieser Geraden im Unendlichen liegt. Auf dem Umkreis des Poldreiecks $P_{12}P_{13}P_{23}$ kann der Gleitsteindrehpunkt S_0 willkürlich gewählt werden, und auf ihm liegen weiter die Punkte $H_1 \cdots H_3$, die als Symmetriepunkte zum Höhenschnittpunkt H bezüglich der Poldreieckseiten gefunden werden. Die Verbindungsgeraden der Punkte $H_1 \cdots H_3$ mit dem Gleitsteindrehpunkt S_0 geben die Richtungen der Geraden der Schubschleifenkulisse in den drei Lagen der bewegten Ebene an. Der senkrechte Abstand des Gleitsteingelenkpunktes D_1 von der Lage 1 der Schubschleifengeraden ist die Exzentrizität e_1, und das Lot vom Gleitsteindrehpunkt S_0 auf die Schubgerade ist die Exzentrizität e_2. Das Getriebe wird daher doppelt geschränkte Schubschleife genannt.

Bei vier Lagen einer bewegten Ebene sind vier Stellungen eines Gleitsteines auf einer eindeutig bestimmten Geraden vier

Stellungen einer Kulisse um einen eindeutig bestimmten Gleitsteindrehpunkt zugeordnet, so daß es nur eine ganz bestimmte Schubschleife geben kann, die im allgemeinen doppelt geschränkt sein wird (Abb. 12). Durch Formenwechsel kann der um S_0 drehbare Gleitstein um den Gleitsteingelenkpunkt D drehbar angeordnet und der Aufbau der Schubschleife geändert werden

Abb. 11. Drei Lagen einer bewegten Ebene werden durch eine Schubschleife verwirklicht

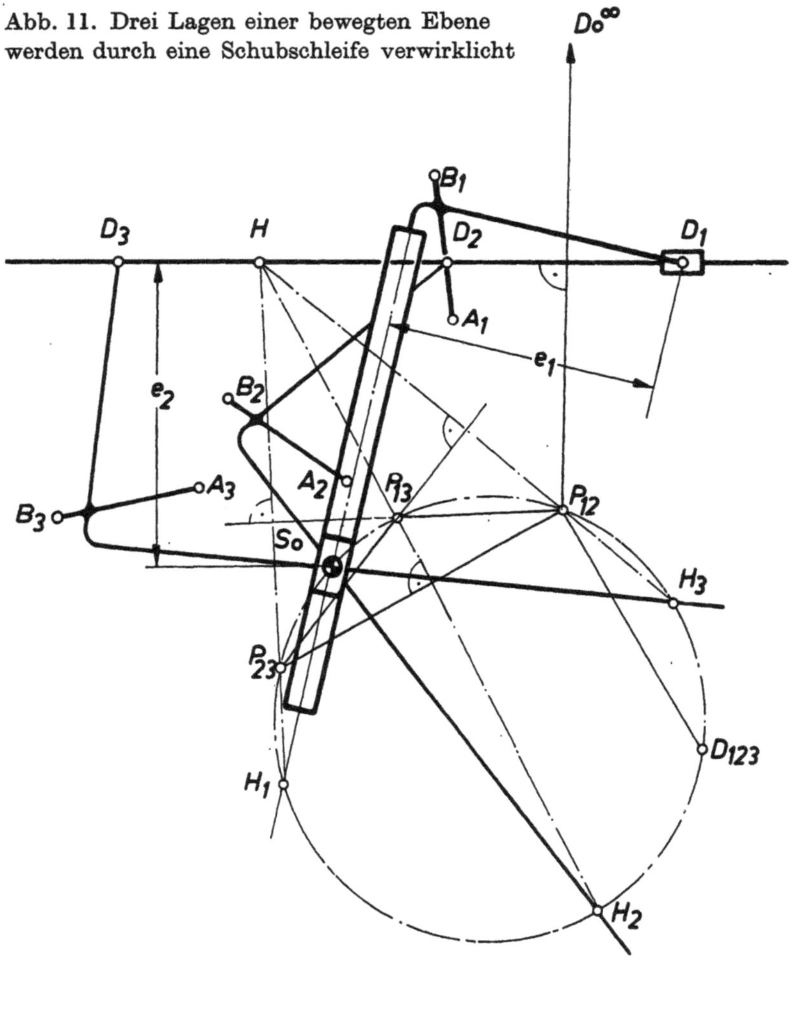

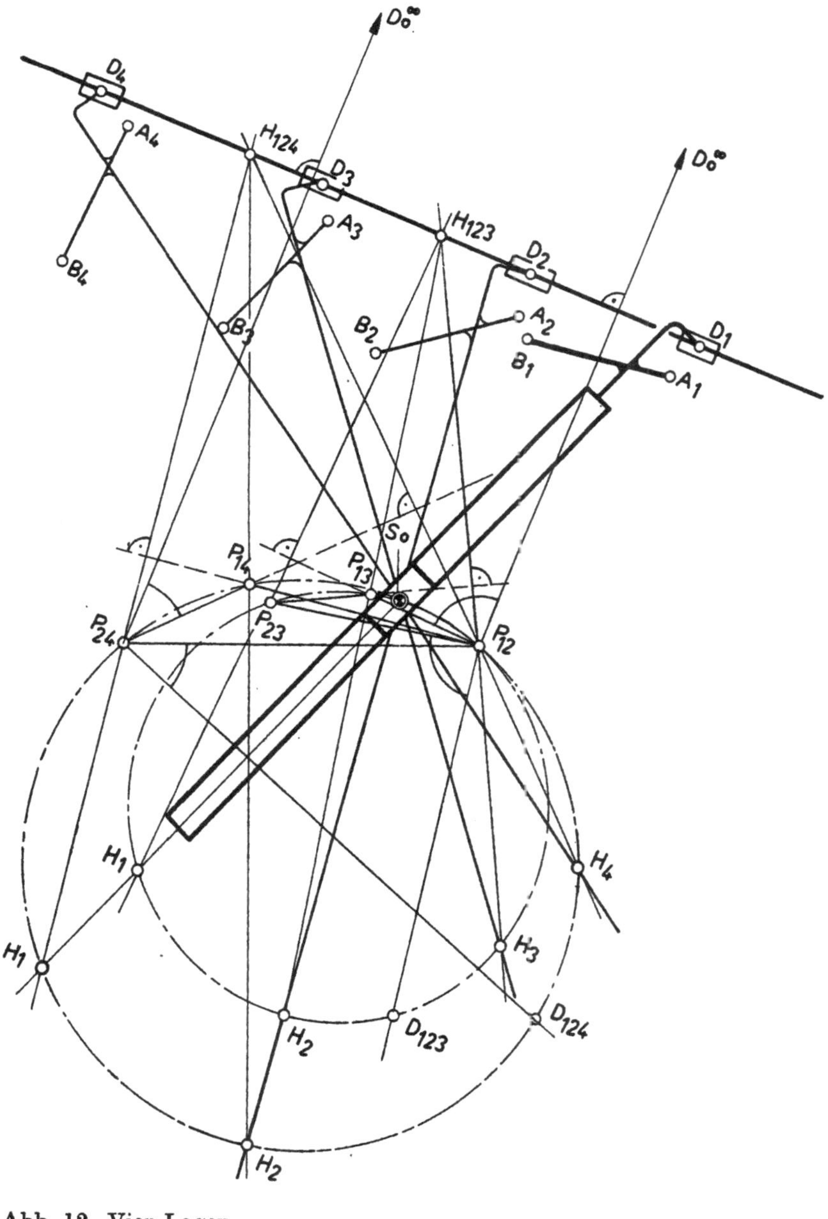

Abb. 12. Vier Lagen
einer bewegten Ebene werden durch eine Schubschleife verwirklicht

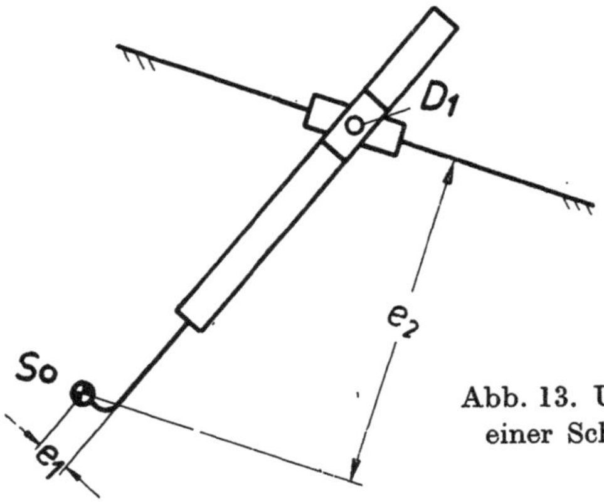

Abb. 13. Umwandlung des Aufbaues einer Schubschleife durch Formenwechsel

(Abb. 13). Eine konstruktive Ausführung dieser Art zeigt Abbildung 14. Die Lagen der bewegten Ebene werden hier durch den schraffierten Gleitstein verwirklicht.

Wird verlangt, daß eine der beiden Exzentrizitäten der Schubschleife oder beide null werden, dann dürfen nur drei Lagen einer bewegten Ebene vorgeschrieben sein. Soll e_1 gleich null werden, dann müssen auf den Verbindungsgeraden der Punkte $H_1 \cdots H_3$ mit dem Gleitsteindrehpunkt S_0, der auf dem Umkreis des Pol-

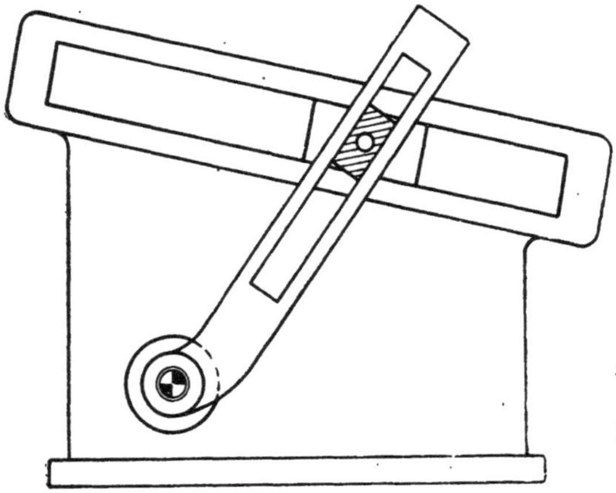

Abb. 14. Konstruktive Ausführungsform der Schubschleife der Abbildung 13

dreiecks $P_{12}P_{13}P_{23}$ willkürlich gewählt werden kann, die Gelenkpunkte $D_1 \cdots D_3$ des Gleitsteines liegen. Der geometrische Ort beispielsweise des Gelenkpunktes D_1 ist ein Symmetriekreis zum Umkreis des Poldreiecks $P_{12}P_{13}P_{23}$ bezüglich der Polgeraden $P_{12}P_{13}$. Auf diesem Kreis ist D_1 als Schnittpunkt der Geraden H_1S_0 bestimmt. Der zweite Schnittpunkt D_1' bestimmt die Abmessungen einer zweiten Schubschleife, die ebenfalls die drei vorgeschriebenen Lagen verwirklicht (Abb. 15). Die Schubrichtungen sind durch die Geraden D_1H und $D_1'H$ festgelegt. Analog werden D_2 und D_3 bzw. D_2' und D_3' gefunden.

Wird von einer willkürlich gewählten Schubrichtung des Gleitsteines, die durch den Höhenschnittpunkt H hindurchgehen muß, ausgegangen, dann sind die Gelenkpunkte $D_1 \cdots D_3$ auf den Symmetriekreisen zum Umkreis des Poldreiecks $P_{12}P_{13}P_{23}$ gegenüber den Poldreieckseiten als Schnittpunkte der Schubrichtung mit diesen drei Kreisen bestimmt. Jeder Kreis wird im allgemeinen zweimal geschnitten, ein Schnittpunkt fällt in den Höhenschnittpunkt H (Abb. 15). Werden $D_1 \cdots D_3$ jeweils mit $H_1 \cdots H_3$ verbunden, so sind das die drei Lagen der zentrischen Schubschleife. Die drei Schubschleifengeraden haben in S_0 einen gemeinsamen Schnittpunkt, und dieser muß auf dem Umkreis des Poldreiecks liegen.

Soll die Exzentrizität e_2 gleich null werden, dann muß die Schubrichtung des Gleitsteines durch S_0 hindurchgehen (Abb. 16). Bei drei Lagen einer bewegten Ebene kann S_0 auf dem Umkreis des Poldreiecks willkürlich gewählt werden und die Schubrichtung fällt in die Verbindungsgerade S_0H. Diese Gerade schneidet die Symmetriekreise zum Umkreis des Poldreiecks $P_{12}P_{13}P_{23}$ bezüglich der Dreieckseiten in den Gleitsteingelenkpunkten $D_1 \cdots D_3$. Symmetrisch zum Höhenschnittpunkt H bezüglich der Poldreieckseiten liegen die Punkte $H_1 \cdots H_3$ auf dem Umkreis des Poldreiecks. Ihre Verbindungsgeraden mit S_0 geben die drei Lagen der Schubschleifengeraden an. Der lotrechte Abstand beispielsweise des Gleitsteingelenkpunktes D_1 von der Schubschleifengeraden in der Lage 1 ist die Exzentrizität e_1 und damit liegt das

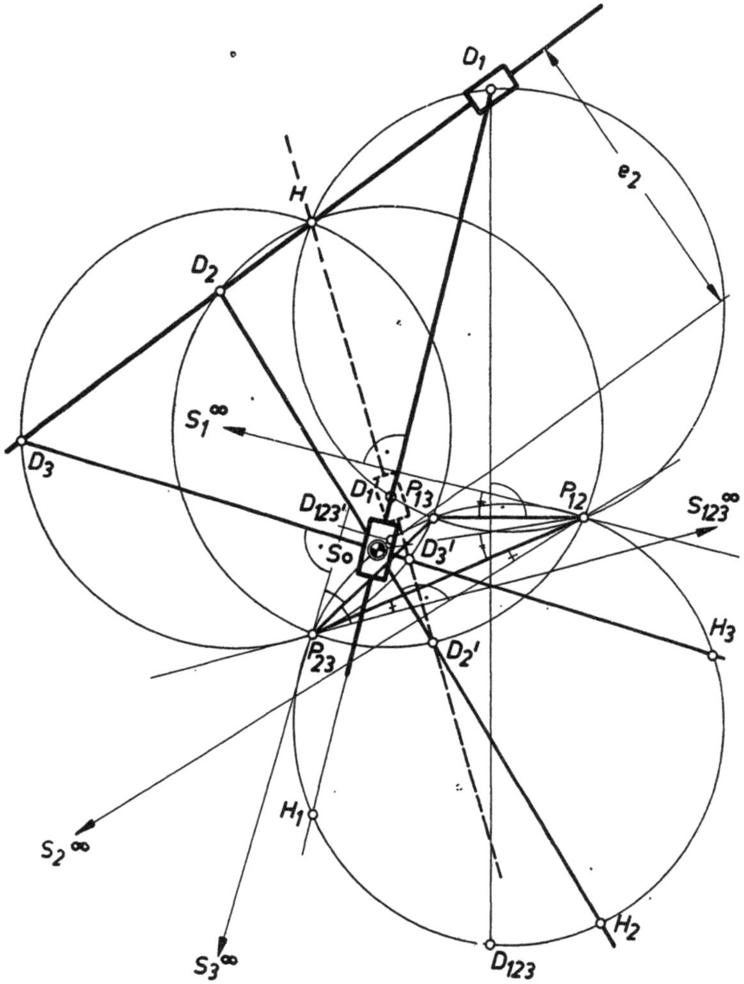

Abb. 15. Die Konstruktion der einfach geschränkten Schubschleife für $e_1 = 0$

einfach geschränkte Schubschleifengetriebe seinen Abmessungen nach fest.

Ist eine bestimmte Schubrichtung einzuhalten, dann muß diese Richtung durch den Höhenschnittpunkt H gezeichnet und mit

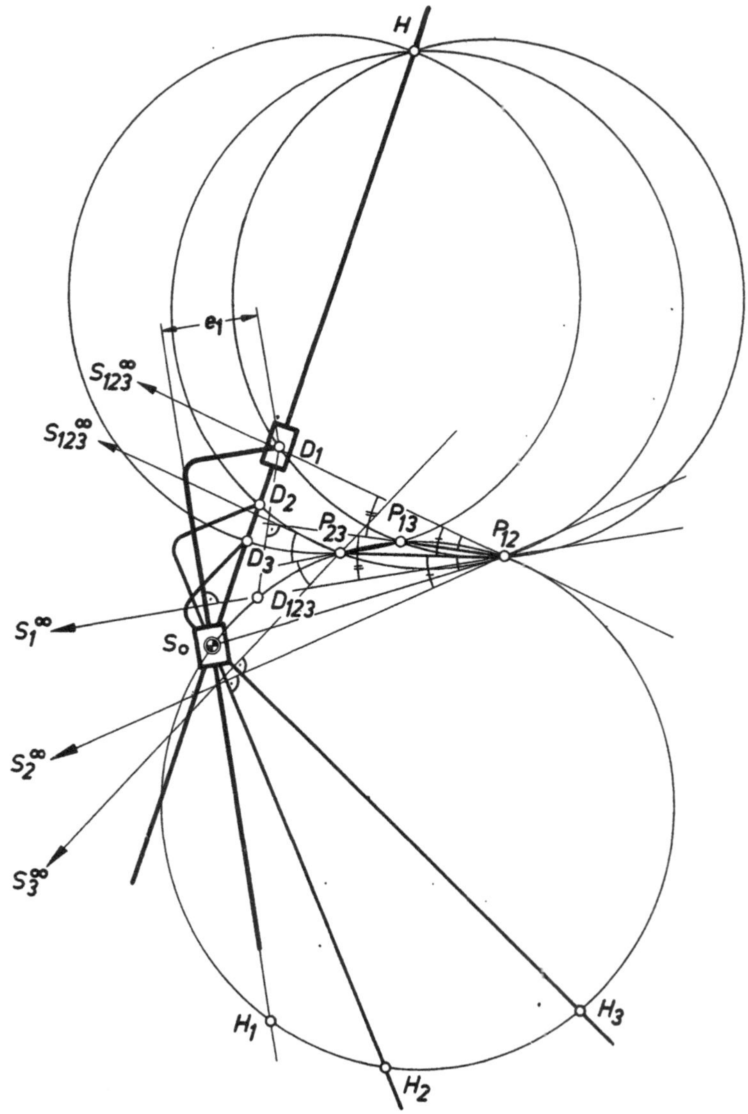

Abb. 16. Die Konstruktion der einfach geschränkten Schubschleife für $e_2 = 0$ bei vorgelegtem Gleitsteindrehpunkt S_0

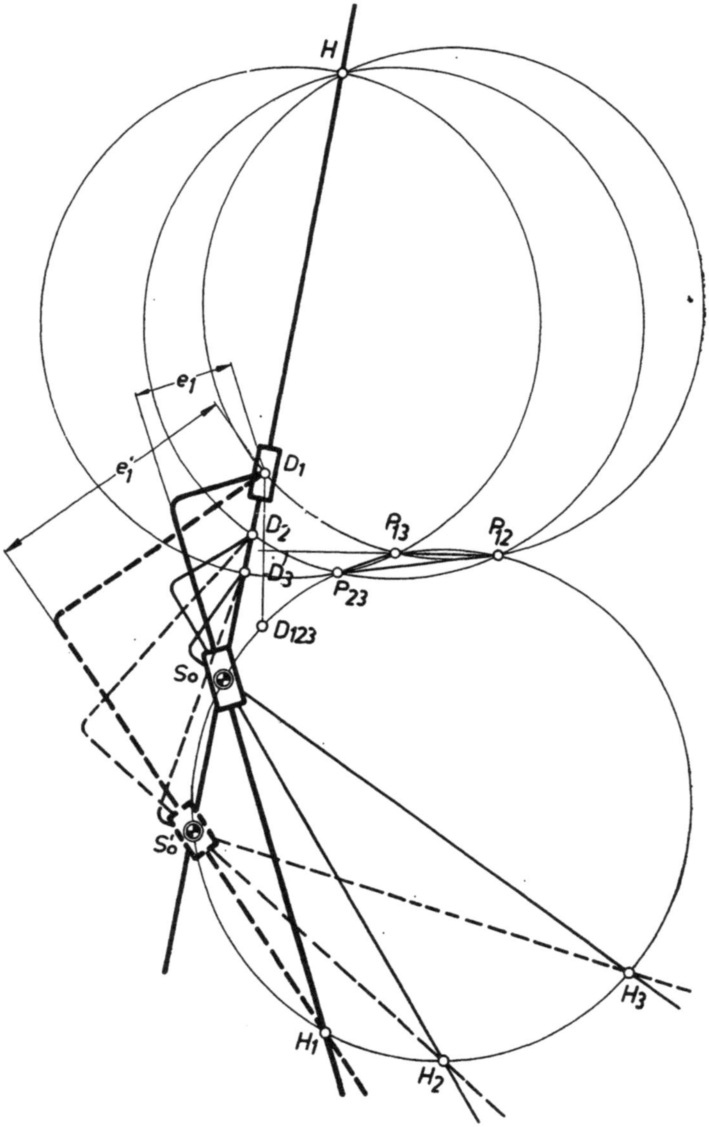

Abb. 17. Die Konstruktion der einfach geschränkten Schubschleife für $e_2 = 0$ bei vorgelegter Schubrichtung

dem Umkreis des Poldreiecks $P_{12}P_{13}P_{23}$ zum Schnitt gebracht werden. Es werden sich im allgemeinen zwei Schnittpunkte S_0 und S_0' ergeben, so daß zwei einfach geschränkte Schubschleifen mit den Exzentrizitäten e_1 und e_1' die drei vorgelegten Lagen der bewegten Ebene verwirklichen (Abb. 17).

Im Falle, daß e_1 und e_2 gleich null werden, ergibt sich kein praktisch brauchbares Schubschleifengetriebe mit dem sich die durch das Poldreieck $P_{12}P_{13}P_{23}$ gekennzeichneten Lagen verwirklichen lassen (Abb. 18).

Die Darlegungen zeigen, daß die Konstruktion der Gelenkgetriebe die Kenntnis der geometrischen Gesetzmäßigkeiten, die

Abb. 18. Schubschleife für $e_1 = e_2 = 0$ (praktisch unbrauchbar)

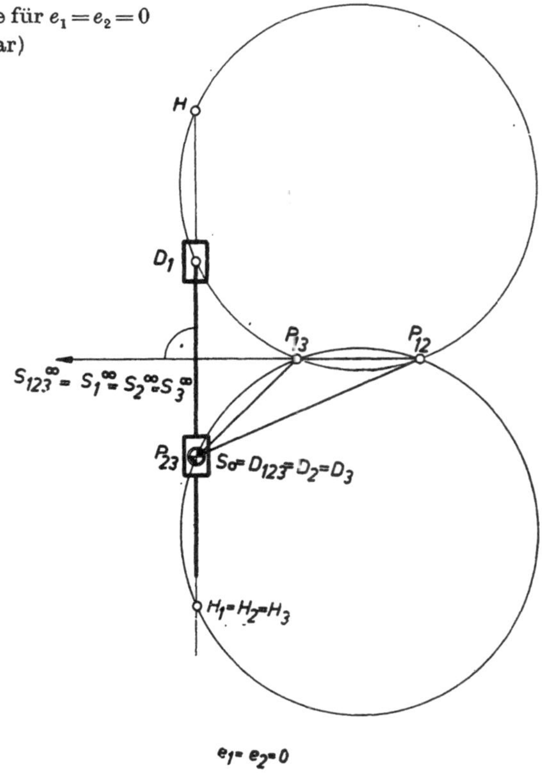

zwischen verschiedenen Lagen einer bewegten Ebene und dem ruhenden System bestehen, voraussetzt. Bei Schubkurbel-, Kurbelschleif- und Schubschleifgetrieben sind besondere Forderungen zu beachten, die den Anwendungsbereich dieser Getriebe einschränken. Die geometrischen Verfahren, die in den letzten Jahrzehnten im Anschluß an die Arbeiten von L. BURMESTER und H. ALT entwickelt werden konnten, dienen dem Konstrukteur als willkommene Hilfsmittel, die Getriebe so zu entwerfen, daß die praktischen Bedingungen erfüllt und ihre optimalen Eigenschaften nutzbar gemacht werden. Die Bedeutung der auf der Geometrie aufgebauten Getriebesynthese für die Ausbildung unserer Konstrukteure ist offensichtlich.

Bei Fragen zur Produktsicherheit wenden Sie sich bitte an:
If you have any questions regarding product safety,
please contact:

Walter de Gruyter GmbH
Genthiner Straße 13
10785 Berlin
productsafety@degruyterbrill.com